Tanja Ulmer

Ihr neuer Mensch!

Tanja Ulmer

Ihr neuer Mensch!

EIN RATGEBER FÜR MEERSCHWEINCHEN

Oertel+Spörer

Bildnachweis:
Alle Illustrationen von Tanja Ulmer

Haftungsausschluss
Die Hinweise in diesem Buch wurden von der Autorin sorgfältig recherchiert und geprüft. Es können jedoch keinerlei Garantien übernommen werden. Eine Haftung der Autorin, des Verlags und seiner Beauftragten für Personen-, Sach- und Vermögensschäden ist- ausgeschlossen. Sämtliche Teile des Werks sind urheberrechtlich geschützt. Jede Verwertung außerhalb der engen Grenzen des Urheberrechtsgesetzes ist ohne die schriftliche Zustimmung des Verlags und der Autorin unzulässig und strafbar. Dies gilt insbesondere für Vervielfältigungen, Übersetzungen, Mikroverfilmungen und die Einspeicherung und Verarbeitung in elektronischen Systemen.

Bibliografische Information der Deutschen Nationalbibliothek
Die Deutsche Nationalbibliothek verzeichnet diese Publikation in der Deutschen Nationalbibliografie; detaillierte bibliografische Daten sind im Internet über http://dnb.d-nb.de abrufbar.

Postfach 1642 · 72706 Reutlingen

Lektorat: Dr. Gabriele Lehari
DTP und Repro: raff digital gmbh, Riederich
Druck und Bindung: Oertel+Spörer Druck und Medien-GmbH+Co., Riederich
Printed in Germany
ISBN 978-3-96555-019-3

Inhalt

Vorwort

HERZLICHEN GLÜCKWUNSCH!

Sehr geehrtes zukünftiges Haustier,
Sie sind soeben ausgewählt worden, mit einem oder mehreren Menschen in einer Wohngemeinschaft zu leben. Das bedeutet für Sie große Veränderungen und erfordert die Bekanntmachung mit Ihrem neuen Mitbewohner.
In diesem Ratgeber erfahren Sie alles, was bei einem Zusammenleben zu beachten ist und wie eine Verständigung trotz Sprachbarriere gelingen kann.
Viel Erfolg und alles Gute in Ihrem neuen Leben!

Tanja Ulmer

LIEBER MENSCH ...

... wie schön, dass Sie mitlesen! An dieser Stelle finden Sie jeweils passend zu jedem Ratschlag einen Hinweis an Sie selbst, damit Sie am Ende des Buches auch wissen, wovon Ihr Meerschweinchen spricht.

PERU

Geschichtliches

DER MENSCH – ZOOLOGISCHE EINORDNUNG

Der Mensch (Homo sapiens) ist wie Sie ein höheres Säugetier, er gehört aber zur Ordnung der Primaten und dort zur Familie der Menschenaffen. Was ihn wesentlich von allen anderen Tieren unterscheidet, ist die Tatsache, dass er glaubt, etwas Besonderes zu sein. Er ist ein Allesfresser, folglich wären Sie früher in sein Beuteschema gefallen und tun das in manchen Regionen der Erde bis heute noch. Sofern Sie sich aber gerade nicht zufällig in einer Großküche in Peru aufhalten, brauchen Sie sich darüber keine allzu großen Sorgen zu machen. Als Meerschweinchen zählen Sie zu der Art von Tieren, welche die meisten Menschen nicht als Nahrung, sondern als Kameraden betrachten. Schwein gehabt!

DAS MEERSCHWEINCHEN – ZOOLOGISCHE EINORDNUNG

Meerschweinchen gehören zur Ordnung der Nagetiere, obwohl sich Wissenschaftler darüber aufgrund genetischer Unterschiede nicht immer ganz einig waren. Das Wildmeerschweinchen, von dem das Hausmeerschweinchen abstammt, ist in Südamerika sowohl im flachen Grasland als auch in höheren Lagen weit verbreitet. Es wurde domestiziert und hauptsächlich für den Verzehr gezüchtet. Zugleich wurde es aber auch hoch verehrt. Es galt als Fruchtbarkeits-Symbol und war Bestandteil von Heilungsritualen und Opfergaben an die Götter.

DIE REISE DES MENSCHEN

Während der Homo sapiens erst vor ca. 300.000 Jahren auf dem afrikanischen Kontinent auftauchte, existiert Ihre Art bereits seit etwa 20 Millionen Jahren in Südamerika. Und es hat weitere 19.988.000 Jahre gedauert, bis die ersten Menschen es über den Landweg bis zu Ihnen geschafft haben und Sie beide sich schließlich begegnet sind.
Gut so, denn seither werden Sie in Ihrer Heimat von den Zweibeinern hauptsächlich als kulinarischer Leckerbissen betrachtet.

DIE REISE DES MEERSCHWEINCHENS

Die ersten Meerschweinchen gibt es seit dem mittleren Eozän vor ca. 20 Millionen Jahren, und zwar ausschließlich in Südamerika. Von diesem Moment an breiteten sie sich dort nahezu überall aus und es entstanden viele verschiedene Gattungen und Arten, von denen aber heute der Großteil schon wieder ausgestorben ist. Erst im 16. Jahrhundert gelangte das Meerschweinchen, vermutlich mit den Schiffen der spanischen Entdecker, nach Europa und wurde dort als zunächst sehr exklusives und kostspieliges Haustier gezüchtet. Von dieser Reise zeugt wahrscheinlich auch sein Name, da das Meerschweinchen ansonsten mit Wasser eigentlich gar nichts am Hut hat.

FAMILIENTREFFEN

So wie Sie haben auch die Menschen heute noch nahe Verwandte, nämlich Schimpanse, Gorilla und Orang-Utan. Die Ähnlichkeit ist unverkennbar!
Die Meerschweinchen-Verwandten, die Sie aber vermutlich auch noch nie getroffen haben, sind unter anderem Wieselmeerschweinchen, Capybara, Zwergmeerschweinchen und noch einige mehr.
Doch Nager und Primaten haben beide auch einen gemeinsamen Vorfahr – und somit sind Sie alle eine große Familie!

STAMMBAUM

In der Unterfamilie der Eigentlichen Meerschweinchen, zu der auch das Hausmeerschweinchen gehört, gibt es außerdem noch die zwei Gattungen Wieselmeerschweinchen und Zwergmeerschweinchen. Weitere Mitglieder der Großfamilie sind Capybara, Kerodon und Mara. Die letzten gemeinsamen Vorfahren von Mensch und Meerschweinchen lebten vor ca. 90 Millionen Jahren und tragen den sperrigen Namen „Euarchontoglires".

Erster Kontakt

DER RICHTIGE GASTGEBER – WORAN MAN IHN ERKENNT

Es ist also so weit: Ein Mensch ist auf Sie aufmerksam geworden und beäugt Sie interessiert. Um ein wenig einschätzen zu können, ob es sich um eine gute Partie handelt, hier eine kleine Orientierung:

Bewegt sich der Mensch langsam und vorsichtig auf Sie zu?
Spricht er beruhigend und mit gedämpfter Stimme? Das ist ein gutes Zeichen!
Verhält er sich hingegen hektisch, sind eventuell Kinder in seiner Begleitung laut und aufgedreht und klopfen womöglich gegen Ihre Scheibe oder wollen Sie gar anfassen, nehmen Sie sich lieber in Acht!

WO GIBT ES MEERSCHWEINCHEN?

Am besten wählen Sie ein Tier aus einer Meerschweinchen-Nothilfe oder aus einem Tierheim, denn viel zu häufig werden Tiere dort abgegeben. Es gibt auch verantwortungsvolle Zoohandlungen, die solche Tiere vermitteln (Infos zu Adressen finden Sie im Anhang). Falls Sie hier nicht fündig werden, probieren Sie es lieber bei einem seriösen Züchter als in den üblichen Geschäften.

WIE WERDEN SIE AUSGESUCHT, WIE NICHT?

Sollten Sie nun tatsächlich problematische Vertreter dieser Spezies ausgemacht haben, stellt sich die Frage: Was können Sie tun? Nun, um ehrlich zu sein, leider nicht viel.
Als Meerschweinchen sitzen Sie naturgemäß einfach am kürzeren Hebel.
Jedoch tendieren Menschen dazu, junge (niedliche!), gesunde und ausgeglichene Tiere auszuwählen. Wenn Sie also nicht mitgenommen werden wollen, gibt es nur Eines: Stellen Sie sich alt, krank und/oder zeigen Sie deutliche Symptome einer gestörten Persönlichkeit. Viel Glück!

EIN MEERSCHWEINCHEN AUSWÄHLEN

Tatsächlich werden meistens junge Meerschweinchen ausgesucht, weil sie so klein und süß sind. Trotzdem haben ausgewachsene Schweinchen genauso ein gutes Zuhause verdient und sollten deswegen nicht übrig bleiben. Das gilt natürlich auch für kranke Tiere. Aber hier sollten Sie aufpassen, wem Sie ein solches Tier abkaufen. Unter Umständen unterstützen Sie mit Ihrem Kauf unverantwortungsvolle, unseriöse Zuchten. Davon sollten Sie absehen, auch wenn es Ihnen leid tut. Zudem benötigt ein krankes Meerschweinchen auch viel mehr Aufmerksamkeit und sachkundige Pflege. Dies sollten Sie dann gewährleisten können.

MIAU!

GEFÄHRTEN

Hat der interessierte Mensch Ihren Check jedoch bestanden und Sie sind bereit für einen Umzug, sollten Sie auf jeden Fall Gewissheit haben, dass Sie Ihr neues Zuhause mit anderen Artgenossen teilen. Allein leben wollen Sie auf gar keinen Fall! Halten Sie sich daher – nur um ganz sicher zu gehen und damit der Zweibeiner es auch ja nicht vergisst – möglichst nahe bei Ihrem liebsten Wohnpartner auf und versuchen Sie klar zu machen, dass Sie nicht getrennt werden wollen!

IN GUTER GESELLSCHAFT

In der Natur leben Meerschweinchen in Sippen. In Einzelhaltung werden sie unglücklich und krank, sie verkümmern in ihrem Sozialverhalten und sterben auch früher. Daher sollten Sie Meerschweinchen unbedingt mit Artgenossen vergesellschaften. Halten Sie mehrere Tiere zusammen, können Sie außerdem an einem interessanten, kommunikativen und vielschichtigen Gruppenleben teilhaben.

Andere Arten wie Kaninchen oder Hamster sind als Wohnpartner nicht geeignet, da sie nicht mit Meerschweinchen kommunizieren können und es dadurch zu Konflikten kommen kann.

IHRE PACKLISTE

Es geht los! Was wollen Sie mitnehmen? Neben essenziellen Dingen wie einem geräumigen Bett (1) (pro Person!), Essgeschirr (2) und natürlich ausreichend Proviant (3) kann etwas Home-Entertainment wie zum Beispiel Tunnel, Brückchen, Höhlen oder Hängematten nicht schaden und trägt erheblich zu Ihrem Wohlbefinden bei.

Dies alles sollte in einem Appartement (4) von mindestens 80 Quadratzentimeter pro Bewohner auf einem schönen, weichen Fußboden (5) Platz finden.

PACKLISTE IN MENSCHENSPRACHE ÜBERSETZT:

1. Schlafhäuschen
2. Futter- und Trinknapf oder Trinkflasche, Heuraufe
3. Heu, Gras, Gemüse (detaillierte Futterliste siehe Seite 30)
4. Stall oder Käfig
5. Einstreu aus Holzspänen

Unterbringung

DER RICHTIGE ORT

In Ihrem neuen Zuhause muss entschieden werden, welchen Raum Sie beziehen. Achten Sie hier auf eine ruhige Lage in gemäßigtem Klima. Ihre Wohnung sollte genügend Quadratmeter haben. Zugluft oder die Nähe zu einem Heizkörper sollten Sie meiden, da beides Ihre Atemwege nicht gut vertragen.

Sind all diese Dinge berücksichtigt, die Nachbarschaft nett, die Aussicht gut und Tageslicht vorhanden, können Sie beruhigt einziehen.

PLATZ FÜR MEERSCHWEINCHEN

Meerschweinchen haben ein Bedürfnis nach Sicherheit und Ruhe. Sie benötigen einen Bereich, wo sie sich geschützt fühlen und sich zurückziehen können. Trotzdem sind sie kommunikative Lebewesen und wollen am Leben ihrer Hausgenossen teilhaben. Also bitte bringen Sie sie nicht wie einen Gegenstand in einem dunklen Keller oder Abstellraum unter, sondern an einem Ort, wo sie auch etwas „mitbekommen", wo sie eine schöne Aussicht haben, etwas Tageslicht vorhanden ist und sie Ansprache bekommen. Sie reden immer gern mit und antworten in der Regel auch sehr zuverlässig.

UNTERBRINGUNG IM FREIEN

Ein Freiluft-Appartement kann eine feine Sache sein, es sollten aber einige wichtige Dinge beachtet werden: Draußen kann es im Winter sehr kalt werden. Wenn Sie das nicht gewöhnt sind, sollten Sie mit dem Einzug auf eine wärmere Jahreszeit warten. Zusätzlich sollten Sie von einem Experten prüfen lassen, ob alle Wände und das Schlafhaus genügend wärmeisoliert sind. Im umgekehrten Fall müssen Sie in Ihrer Wohnung aber auch vor Hitze und direkter Sonneneinstrahlung geschützt sein.

WETTERFESTIGKEIT

Meerschweinchen stammen aus einer Gegend mit eher gemäßigtem Klima, deswegen müssen sie besonders vor Temperaturen unter 15 Grad und Hitzewellen geschützt werden. Zudem dürfen die Tiere bei Außenhaltung im Winter nicht kurzzeitig mit in die Wohnung genommen werden, da sie vom Temperaturwechsel krank werden können.
Wer dies nicht gewährleisten kann, kann seine Meerschweinchen auch in der Wohnung überwintern oder ihnen ein Außengehege einrichten, das bei gutem Wetter genutzt werden kann. Mit genügend Auslauf, frischem Grün und einer sicheren Abdeckung machen Sie so Ihren Meerschweinchen eine große Freude.

Ernährung

VERWECHSELUNGSGEFAHR

Als Meerschweinchen haben Sie einen natürlichen Trieb zum Nagen. Leider ist nicht alles, was Sie in Ihrer Reichweite vorfinden, für den Verzehr gedacht, selbst wenn es Ihrer gewohnten Nahrung sehr ähnelt. So sind zum Beispiel „Rohfaser" und „Raufaser" zwei grundverschiedene Dinge!

Auch wenn dies für Sie kaum von Bedeutung ist, für Ihren Menschen spielt es jedoch eine große Rolle.

NAGERGLÜCK

Meerschweinchen nagen mit Begeisterung alles an, was sie erreichen können. Um sie ein wenig von Ihren Wertgegenständen abzulenken, können Sie ihnen zum Beispiel Papprollen von Toilettenpapier oder andere Dinge aus Karton anbieten.
Um das Nagerglück perfekt zu machen, können Sie darin, eventuell in einem zerknüllten Stück Papier versteckt, ein Leckerli platzieren, das Ihre Tiere dann finden und auspacken dürfen. Noch besser zum Nagen geeignet sind Zweige – etwa von Obstbäumen oder Beerensträuchern.

MENSCHEN KONDITIONIEREN

Lautes, ausdauerndes Quieken ist eine hervorragende Zermürbungstaktik, wenn es um eine zusätzliche Futterration geht. Sie werden feststellen, wie leicht sich Ihr Mensch damit konditionieren lässt!

TIPP: Profis lassen weniger attraktive Happen einfach links liegen und quieken so lange weiter, bis die ersehnte Lieblingsspeise serviert wird. So bringen Sie Ihrem Menschen gleich Ihre Vorlieben bei.

LERNFÄHIGKEIT

Lassen Sie sich von Ihrem Meerschweinchen keinen Bären aufbinden: Es braucht meist nicht so viel Futter, wie es vorgibt. Und wenn Sie jedes Mal auf sein Quieken reagieren, wird es sich das als Taktik merken und immer häufiger einsetzen.
Eine ausreichende Tagesration könnte zum Beispiel aus einer Hand voll Gras und ein paar Wiesenkräutern bestehen. Im Winter oder wenn Gras nicht verfügbar ist, wäre eine entsprechende Menge an Salat, Karottengrün, Selleriegrün und Kohl geeignet. Frisches Heu sollte als Hauptfutter den ganzen Tag über verfügbar sein. Bitte füttern Sie Obst oder Gemüse wie Möhren, Paprika oder Gurke nur sparsam, auch wenn es sehr beliebt ist. Für die optimale Vitamin- und Nährstoffversorgung, den Zahnabrieb und eine gesunde Verdauung ist es nämlich nicht hilfreich, sondern wandert bei Ihrem Schweinchen stattdessen direkt auf die Hüften.

IHR SPEISEPLAN

Gehen Sie davon aus, dass Ihr Mensch nicht die gesündesten Essgewohnheiten hat. Machen Sie nicht alles mit und bleiben Sie lieber bei Ihrer Low-Carb-Diät. Das ist besser für Ihre Gesundheit und Ihre Taille.

WAS MEERSCHWEINCHEN GESUND HÄLT

Meerschweinchen benötigen ausschließlich pflanzliche, am besten faserreiche Kost wie Heu, Gras, Wildkräuter (z. B. Löwenzahn, Vogelmiere, Wegerich, Schafgarbe), Zweige von Obstbäumen, Bittersalate und Kohl, Obst und Gemüse dagegen nur in geringen Mengen. Nicht vertragen werden Zwiebeln (scharfe Pflanzen), zu viel Klee und Steinobst, zu viel oxalathaltiges Gemüse (wie Spinat und Mangold). Sie sollten auch kein Getreide und harte Presspellets füttern, denn diese werden mit den Backenzähnen zerkaut. Durch schlechte Abnutzung und hohe Belastung könnten dann Entzündungen an der Zahnwurzel und andere Probleme verursacht werden. Achten Sie auf eine ausreichende und regelmäßige Zufuhr von Vitamin C! Außerdem reagieren Meerschweinchen sehr empfindlich auf Futterwechsel. Falls Sie also einmal eine Speiseplan-Änderung vornehmen müssen, gehen Sie schrittweise vor. Reduzieren Sie das gewohnte Futter langsam und fügen Sie allmählich das neue hinzu. Ansonsten kann Ihr Meerschweinchen leicht krank werden.

Gesundheit

VERGLEICHENDE ANATOMIE

Lassen Sie sich nicht durch die aufrechte Haltung beirren: Wenn man einen Menschen auf alle Viere stellt, ist er einem Meerschweinchen gar nicht mehr so unähnlich.

AUGEN:

Bei Menschen sehr gut ausgeprägt, sie können mehr Farben unterscheiden und besser Entfernungen abschätzen als Sie. Doch da deren Augen vorn sitzen und nicht seitlich wie bei Ihnen, haben Menschen nur ein eingeschränktes Gesichtsfeld.

NASE UND TASTHAARE:

Auch schnuppern können Menschen lange nicht so gut wie Sie, was leider manchmal zu Geruchsbelästigung führen kann. Tasthaare besitzen sie nicht, sie orientieren sich im Dunkeln offenbar, indem sie mit ihrem kleinen Fußzeh an Gegenstände stoßen.

OHREN:

Das Gehör ist bei Menschen miserabel! Sie hören im Gegensatz zu Ihnen nur sehr tiefe und sehr laute Geräusche, was auch erklärt, warum sie oft so einen ungeheuren Lärm veranstalten.

VERDAUUNG:

Genau wie Sie können Menschen Vitamin C nicht selbst bilden und sind daher auf eine regelmäßige Zufuhr über die Nahrung angewiesen. Menschen können im Gegensatz zu Ihnen längere Zeit ohne Nahrung auskommen, während dies bei Ihnen zu gesundheitlichen Problemen führt.

HERZ-KREISLAUF-SYSTEM:

Die Körpertemperatur liegt beim Menschen etwas unter Ihrer, genauso wie die Herzfrequenz. Sein Kreislauf ist wesentlich stabiler als Ihrer.

ZÄHNE UND GESCHMACKSSINN:

Menschen können ausgefallene Zähne nur ein einziges Mal erneuern, auch bei Abnutzung wachsen sie nicht wie bei Ihnen wieder und wieder nach, sondern werden einfach immer kürzer.
Ihr Geschmackssinn ist wiederum ähnlich gut ausgeprägt wie Ihrer.

2
1
3
6
4
5
2
1
3
6
4
5

WIE SIE ZEIGEN, DASS SIE KRANK SIND

Sie vertuschen nur allzu gern, wenn es Ihnen schlecht geht, daher muss Ihr Mensch sehr aufmerksam sein und ganz genau hinschauen. Denken Sie daran: Er will nur, dass Sie sich wohlfühlen, also helfen Sie ihm ein wenig!

Sehr auffällig ist es zum Beispiel, wenn Sie sich völlig anders verhalten als sonst (Stichwort Appetitverlust). Bemerken sollte er auch, wenn Sie Gewicht verlieren, tränende Augen, stumpfes Fell, Hautprobleme oder eine veränderte Stimme haben.

WEITERE WARNSIGNALE ...

... sind unter anderem Husten/Schnupfen/häufiges Niesen, Verkrustungen an Nase oder Augen, geschwollene Lippen oder Lider, Atemgeräusche, Probleme beim Kauen/Speichelfluss, Durchfall, Krämpfe/Lähmungen, tastbare Knötchen unter der Haut, kahle Stellen, häufiges Kratzen, Fieber oder Ähnliches.

Die wichtigsten Voraussetzungen für ein gesundes Meerschweinchen sind eine gute Ernährung und die richtigen Haltungsbedingungen.

GESUNDHEITS-CHECK

Wöchentliche Routine wird der Gesundheits-Check sein. Versuchen Sie, gelassen zu bleiben, auch wenn es Ihnen unangenehm ist. Es ist nur zu Ihrem Besten und schnell vorüber. Ihr Mensch wird Sie dazu auf den Arm nehmen, Sie von allen Seiten begutachten, abtasten und auf eine Waage setzen. Auf diese Weise merkt er schnell, wenn irgendetwas nicht stimmt, und kann im Fall der Fälle mit Ihnen zum Arzt gehen. Und am Ende bekommen Sie eine Gurke.

DER GESUNDHEITS-CHECK

Kontrollieren Sie das Gewicht, um Schwankungen früh zu erkennen. Sind die Ohren sauber, die Augen klar und glänzend? (Tief liegende Augen sind ein Warnsignal!)
Ist die Nase trocken und sauber? Ist der Mund sauber, sind die Zähne gerade, fest und symmetrisch abgeschliffen? Tasten Sie den Körper ab und untersuchen Sie vor allem den Hals auf mögliche Knoten, denn hier entstehen leicht Abszesse. Fühlt sich der Bauch weich an oder ist er eher hart und aufgebläht? Ist das Fell dicht, sauber und glänzend oder finden sich kahle/schorfige Stellen oder Parasiten? Tasten Sie die Pfötchen ab: Sind sie zart und beweglich oder gibt es Schwellungen? Sind die Genitalien und der Afterbereich sauber? Halten Sie sich Ihr Meerschweinchen ans Ohr, dann können Sie Herzschlag und Lunge abhören. So bekommen Sie ein Gefühl für die gesunden Geräusche und bemerken leichter Abweichungen. Am Ende überreichen Sie Ihrem Schützling eine Gurke.

1350

Liebe und Partnerschaft

FAMILIENPLANUNG

Als Haustier-Meerschweinchen müssen Sie sich mit dem Gedanken abfinden, dass massiv in Ihre Familienplanung eingegriffen wird. Falls Ihre Menschen keinen Nachwuchs wünschen, bedeutet das für Sie entweder ein Leben im Zölibat oder eine Operation zur dauerhaften Verhütung. Im ersten Fall gibt es jedoch Hoffnung, sofern Menschenkinder zu Ihrer Sippe gehören. Diese sind nämlich erwiesenermaßen immer wieder gern behilflich, wenn es um kleine, heimliche Treffen geht ...

VERGESELLSCHAFTUNG

Wenn Sie keinen Meerschweinchen-Nachwuchs wünschen, sollten Sie logischerweise entweder nur Tiere eines Geschlechts halten oder die Böckchen und Weibchen voneinander trennen. Wollen Sie ein neues Meerschweinchen zugesellen, gelingt dies am besten mit einem noch nicht geschlechtsreifen Jungtier. Mit etwas mehr Geduld und Vorsicht ist das auch mit erwachsenen Tieren möglich. Am schwierigsten ist es, zwei erwachsene Böckchen aneinander zu gewöhnen. Hier kann es immer wieder zu Kämpfen kommen, die durchaus Verletzungs-Potenzial haben. In diesem Fall bringt auch eine Kastration keine Besserung.

SCHWANGERSCHAFT

Ist es nun doch irgendwie so „passiert"? Keine Sorge, auch wenn Ihre Menschen es eigentlich nicht wollten, der Anblick von kleinen Baby-Meerschweinchen bringt jeden Zweibeiner vor Entzücken zum Popcornen und lässt alle Vorsätze schnell vergessen.

Und da Sie sich während der Schwangerschaft sowieso unauffällig verhalten, wird erst einmal niemand etwas bemerken, bis Sie bzw. Ihre Partnerin schließlich die Ausmaße einer kleinen Melone erreichen.

TRÄCHTIGE MEERSCHWEINCHEN

Bei Meerschweinchen dauert die Tragezeit etwa neun Wochen und ist davon die meiste Zeit recht unauffällig, weshalb unerfahrenen Haltern eine Schwangerschaft auch mal entgehen kann. Jedoch kann man vor allem gegen Ende der Tragezeit schon deutlich die Jungen im Bauch treten fühlen. Während dieser Zeit sollte das Tier besonders behutsam angefasst und nicht häufiger als nötig aus dem Stall genommen werden.

Die Anzahl der Jungen kann zwischen ein und sechs Stück variieren, der erste Wurf ist meist etwas kleiner als die späteren.

KINDERSEGEN

Haben Sie die neun Wochen Schwangerschaft und die Geburt gut überstanden, haben Sie sich erst einmal etwas Erholung verdient und Ihre Menschen spielen vermutlich wie erwartet verrückt. Passen Sie dennoch auf, dass die Zweibeiner, wenn überhaupt, nur ganz vorsichtig mit Ihren Kleinen umgehen. Sie können sich nämlich gar nicht vorstellen, wie zart und zerbrechlich Meerschweinchen-Babys sind!

JUNGE MEERSCHWEINCHEN

Die Jungen kommen bei Meerschweinchen fix und fertig zur Welt. Das Fell ist komplett, die Augen sind geöffnet und die Milchzähne verlieren sie bereits im Mutterleib. Sie werden drei bis vier Wochen lang gesäugt und können danach selbstständig überleben.

Sehr häufig kann man bei jungen, aber immer wieder auch bei älteren Meerschweinchen, das sogenannte „Popcornen" beobachten. Dabei springen die Tiere plötzlich und ohne Anlauf in die Luft und vollführen dort oft noch erstaunliche Drehungen. Dies geschieht meist aus Freude und Übermut und kann zum Beispiel eine Futtergabe oder einen frisch hergerichteten Stall als Auslöser haben.

Menschliche Eigenheiten

SIE WOLLEN NUR SPIELEN

Menschen haben vor allem in jungen Jahren einen ausgeprägten Spieltrieb. Dabei können sie leider recht grob werden und vergessen, dass sie es mit einer Persönlichkeit und nicht mit einem Spielzeug zu tun haben.

Lassen Sie sich daher ja nicht gefallen, dass man Sie als Puppe oder Ähnliches zweckentfremdet! Zur Verteidigung ist hier jedes Mittel erlaubt.

MEERSCHWEINCHEN IM KINDERZIMMER

Meerschweinchen sind kein Spielzeug! Vor allem kleinere Kinder sollten Sie nicht mit ihnen allein lassen, bis Sie sicher sind, dass sie dies begriffen haben und behutsam und verantwortungsvoll mit den Tieren umgehen. Ein Meerschweinchen zeigt zwar meist deutlich, wenn ihm etwas nicht passt, es kann aber auch in eine Starre fallen, die nicht fehlinterpretiert werden darf.

Sollte es einmal zwicken, gibt es auf jeden Fall einen Grund dafür. Spätestens dann sollte man das Tier wirklich in Ruhe lassen.

SAUBERKEIT

Menschen haben die seltsame Angewohnheit, immer in ein und dasselbe Näpfchen zu machen, das in einem Raum in ihrem Haus steht. Darauf würden Sie niemals kommen, aber rechnen Sie dennoch damit, dass man versuchen wird, Ihnen genau das beizubringen.

MEERSCHWEINCHEN UND STUBENREINHEIT

Sie können gern versuchen, Ihrem Meerschweinchen die Benutzung einer Nager-Toilette anzugewöhnen, aber haben Sie keine allzu großen Hoffnungen, dass dies gelingt. Meerschweinchen legen sich meist nicht auf eine bestimmte Ecke im Stall fest, in der sie ihr Geschäft verrichten, und falls doch, dann nicht für lange.

Glücklicherweise ist Meerschweinchen-Kot eine sehr saubere Sache und lässt sich unkompliziert aufsammeln. Die feuchten Stellen im Einstreu können Sie mit einer kleinen Schaufel entfernen und durch frische Einstreu ersetzen. Etwa einmal pro Woche (oder wenn es stinkt) sollte der Stall komplett sauber gemacht und frisch eingestreut werden. Und wundern Sie sich nicht, wenn Ihre Meerschweinchen ihren Kot fressen (mehr dazu finden Sie auf der nächsten Seite).

WC

BLINDDARMKOT

Wundern Sie sich nicht, wenn Ihr Mensch einigermaßen überrascht darauf reagiert, dass Sie Ihren Blinddarmkot verspeisen. Menschen essen niemals ihre Ausscheidungen und haben daher auch ein eher gespaltenes Verhältnis zu diesem Thema. Was das Aufspalten von Nährstoffen aus der Nahrung angeht, haben sie das auch nicht nötig. Bei Ihnen jedoch ist eine Ehrenrunde unverzichtbar, um alle lebenswichtigen Substanzen daraus aufnehmen zu können und gesund zu bleiben.

BESONDERE VERDAUUNG

Seien Sie nicht überrascht oder besorgt, wenn Ihre Meerschweinchen ihren Kot fressen, das ist ein ganz normales und sogar überlebenswichtiges Verhalten. Der weiche, feuchte sogenannte Blinddarmkot wird von den Tieren sofort wieder gefressen und noch einmal im Magen aufgeschlossen. Dann erst wird der normale, trockene Kot in Form von kleinen Ballen ausgeschieden. Nur so wird der Körper genügend mit Nährstoffen und Vitaminen versorgt und eine ausreichende Proteinversorgung zum Muskelaufbau gewährleistet.

MÖGLICHE GEFAHREN

Schließlich noch ein paar Warnungen, die Sie vor allem beim täglichen Freigang beherzigen sollten: Halten Sie sich niemals in der Nähe von Türen auf, denn dort kann man Sie nämlich sehr leicht einklemmen.
Probieren Sie nicht, Zimmerpflanzen anzunangen, auch wenn sie appetitlich aussehen.
Und meiden Sie die Füße der Menschen, diese können sich plötzlich bewegen und Sie ungewollt treten!

FÜR SICHERHEIT SORGEN

Wenn Meerschweinchen ihre Scheu verloren haben, können Sie überaus neugierig sein. Sie wollen alles beschnuppern, anknabbern und erkunden. Bitte verwehren Sie ihnen deshalb nicht den regelmäßigen Freigang, sondern stellen Sie lieber sicher, dass sie ein meerschweinchensicheres und abwechslungsreiches Gelände vorfinden.
Gefährlich können für Meerschweinchen außerdem Elektrokabel, spitze, scharfe Gegenstände am Boden oder andere Haustiere wie Hunde und Katzen sein. Schützen Sie Ihr Meerschweinchen außerdem vor Abstürzen (zum Beispiel von einem Tisch) und besonders vor Nässe und Zugluft!

Schlusswort

GUT ANGEKOMMEN?

Nun sind Sie mit den wichtigsten Eigenarten dieser Spezies vertraut und werden hoffentlich feststellen, dass es neben den Unterschieden auch viele Gemeinsamkeiten gibt.

Selbst wenn diese groben, lauten Riesen Ihnen anfangs sicher einen gehörigen Schrecken einjagen, können sie doch erstaunlich viel lernen und zu einem wunderbaren, sanften Beschützer für Sie werden.

In diesem Sinne wünsche ich Ihnen ein gutes Zusammenleben und stets eine Kommunikation auf Augenhöhe!

Uuuäääaaaммм

Anhang

ZUR AUTORIN

Tanja Ulmer, Jahrgang 1982, arbeitet selbstständig als Mediengestalterin und Illustratorin. Das Leben mit Tieren und das Zeichnen begleiten Sie von frühester Kindheit an. So kann sie heute ihre Erfahrungen in diesem Buch mit den Lesern teilen.

Weitere Arbeiten der Autorin finden Sie unter: www.tanjaulmer-gestaltung.de

LITERATUR

Pelz, Ilse: Mehr über Meerschweinchen · Oertel+Spörer Verlag 2008
4., überarbeitete Auflage

Behrend, Katrin: Mein Meerschweinchen · Bellavista Verlag 2003

Reinert, Andreas: Meerschweinchen. Haltung – Zucht – Ausstellung.
Oertel+Spörer Verlag 2014

www.meerschweinchen-ratgeber.de

ADRESSEN

Meerschweinchenhilfe e.V. · Jakobstr. 2 · 73760 Ostfildern

www.meerschweinchenhilfe.de

www.tierheimlinks.de
Unter dieser Adresse finden Sie eine umfangreiche Adressen- und Linkliste von Tierschutzvereinen und Tierheimen in Deutschland.